Naomi Markel

Naomi Markel

Genetic evolution

Die düstere Seite – The dark side

EDITION TEMMEN

Vorwort

In einem Kibbuz etwa eine Fahrstunde von Haifa entfernt sind Schwangere zur Meditation versammelt. An der Wand hinter ihnen: ein Triptychon aus drei Kreuzen. Titel: „The three Angels". Wenige Räume weiter erinnert ein Bild in pastellenem Acryl verhalten an einen schwarz-weiß gestreiften Stofffetzen der Häftlingsanzüge aus den Nazi-Lagern. Im städtischen Krankenhaus in Haifa begegnet man der gleichen künstlerischen Handschrift: Eindeutige symbolhafte Elemente der Wirklichkeit wie Eisenbahnschwellen oder eiserne Waggonhandgriffe sind in abstrakte Farbcollagen komponiert, so dass die Phantasie zwangsläufig zum historischen Kontext geleitet wird. Die israelische Künstlerin Naomi Markel spricht eine eindeutige Sprache. Dennoch lässt sie dem Betrachter Raum für Interpretationen – kulturenübergreifend.

Es war deshalb keine schwere Entscheidung, Frau Markel die Möglichkeit für eine Einzelausstellung in Bremen zu eröffnen. Dies ist umso überzeugender, weil die Ausstellung in der Städtischen Galerie im Buntentorsteinweg nicht nur zeitlich in unmittelbarem Zusammenhang mit der Woche der Brüderlichkeit steht. Dass engagierte Christen durch die Gesellschaften für christlich-jüdische Zusammenarbeit seit mehr als 50 Jahren in den Bundesländern diese Woche veranstalten, war auch eine Anregung der Amerikaner. Dass sie in diesem Jahr in der Freien Hansestadt Bremen mit der Verleihung der Buber-Rosenzweig-Medaille an das bundesweite Netzwerk „Schule ohne Rassismus" eröffnet wird, ist eine Besonderheit.

Was liegt näher, als die seit den 70er Jahren gewachsene, sehr gute und tragfähige Partnerschaft zwischen Bremen und Haifa in diesen christlich-jüdischen Dialog einzubringen? Eine Partnerschaft, die seit 25 Jahren einen gemeinsamen Kulturfonds zur Pflege des religionenübergreifenden Dialoges in Haifa unterhält und die seit mehr als 20 Jahren systematisch Schüleraustausch pflegt.

Naomi Markel hat sich von diesem Anlass und von den ungewöhnlichen Räumlichkeiten der Städtischen Galerie zu dieser Ausstellung inspirieren lassen und mit ungeheurer Kraft in nur sechs Monaten diese ungewöhnlichen Exponate „produziert". Die Arbeiten provozieren Emotionen, sie fordern Auseinandersetzung und Dialog – den der Menschen, den der Kulturen und auch den zwischen Generationen.

Ich bin sicher, dass Naomi Markel mit dieser Arbeit einen wichtigen Beitrag für den christlich-jüdischen Dialog und für die Verbindung Bremen-Haifa setzen wird. Ich wünsche ihr viel Erfolg.

Für das Zustandekommen dieser Ausstellung danken wir ganz besonders Herrn Dr. Raphael Karpel, dem Stadtarchitekten von Haifa, für seine liebevolle Begleitung des Projektes, Herrn Prof. Dr. Hans-Joachim Manske für seine immer konstruktive Kritik und Unterstützung und ganz besonders der Waldemar Koch-Stiftung, die großzügig diesen Katalog im Sinne von Künstlerförderung und Völkerverständigung finanzierte.

Dr. Henning Scherf
Bürgermeister und Präsident des Senats
der Freien Hansestadt Bremen

Metaphorik und Intensität
Zur Ausstellung „Genetic Evolution" von Naomi Markel

Naomi Markel ist eine Grenzgängerin in ihren künstlerischen Mitteln und ihrem inhaltlichen Anliegen. Sie ist in den Traditionen reiner Malerei ebenso fest verwurzelt wie in denen des combine painting , wobei auch reine Installationen zu ihren eindrucksvollen Möglichkeiten gehören.

Ihre kraftvollen Metaphern sind immer einem geistigen Anliegen verpflichtet, aber sie sind nicht als Illustrationen einer bestimmten Aussage gemeint. Aus der Wahl und der Kombination von Materialien heraus entsteht eine „expressive Bildnerei", die auch ohne gegenständliche Verweise die Sinne in Bewegung und Aufruhr versetzen. Die gestalterische Wucht der Werke trifft unmittelbar und erzeugt eine Dynamik, die die „inneren Verhältnisse" zum Tanzen bringen kann. Trotz aller heftigen Reaktionen, die die Bildsprache auslöst, wird jede inhaltliche Eindeutigkeit vermieden. Die Widersprüchlichkeit der Menschen verschwindet nicht unter einer großen moralischen Anklage, sondern das Erschrecken und die Unruhe der Künstlerin sind immer gepaart mit dem tiefen humanen Verstehen menschlicher Triebstrukturen.

Die sehr kontroversen Diskussionen um das Berliner Holocaust-Mahnmal haben jenseits aller Kritik an den vielen inhaltlichen und gestalterisch-künstlerischen Vorschlägen gezeigt, wie schwierig es ist, die Opfer und die Täter, Anteilnahme und Anklage in bildnerischen Zeichen zu verdeutlichen. Naomi Markel versucht in ihrer Kunst, dieses unlösbar erscheinende Problem einer engagierten und kritischen Kunst an den Betrachter weiterzugeben, indem sie ihm durch ihre Leidenschaft und ihre gestalterische Phantasie hilft, sich aus Lähmungen in seinen Gedanken und Gefühlen zu befreien.

Naomi Markel hat sich nach einer Besichtigung der Räume der Städtischen Galerie spontan bereit erklärt, eine Werkserie speziell für diese Ausstellung zu schaffen. Damit unterstützt sie das wesentliche Anliegen der Galerie, ein Ort der Herausforderung zu sein.

Ich freue mich sehr, dass die Städtische Galerie zum ersten Mal eine wichtige künstlerische Position aus Haifa zeigen kann. Die beiden israelischen Künstler, Philip Rantzer und Nahum Tevet, die 1995 in der Galerie ausgestellt haben, kamen aus Tel Aviv.

Ich bedanke mich sehr herzlich bei Naomi Markel für ihren außergewöhnlichen Einsatz bei der Vorbereitung dieser Ausstellung. Mein besonderer Dank geht an die Protokollchefin der Senatskanzlei, Birgitt Rambalski, die sich als unermüdlich treibende Kraft des Projektes auszeichnete, und nicht zuletzt an die Waldemar Koch-Stiftung, die eine der beständigsten Förderinnen der Bildenden Kunst in dieser Stadt ist.

Prof. Dr. Hans-Joachim Manske
Städtische Galerie, Buntentor

Die Arbeiten von Naomi Markel

*Und gingen hinunter zum Schiff.
Kiel gegen Brecher gestellt, Bugspriet aufs heilige Meer
Und wir holten Segel und Rah an, auf jenem schwarzen Schiff,
Schleppten Schafe an Bord, alsbald auch uns selber,
Blindgeweint; und Fahrtwind von achtern blies uns
Voran auf die raume See mit bauchigem Segel.*

Ezra Pound, Canto I

Das schwarze Schiff des Odysseus, einmal mehr die Segel setzend, blindgeweint die Gefährten, so kommt es aus dem Verhängnis, unterwegs zu neuem Verhängnis: kein Himmel blickt abwärts. Über dunkle Meere geht die Fahrt, immer voran. Voran?

Den Helden, das Epos, die Geschichte im Ganzen treibt es zum Ziel, so wollten es die großangelegten Systeme der Geschichtsphilosophie. Die Opfer kamen kaum ins Blickfeld, aus entsprechender Entfernung verschwanden sie gar. Dem unablässigen Verschwinden Einhalt zu gebieten, dafür bedurfte es seit jeher des Zaubers, der Magie. Oder des Bildes. Eine der faszinierendsten Eigenschaften des Bildes ist seine Fähigkeit, Vergängliches festzuhalten. Bilder wollen den Tod aufheben. Und fungieren kraft ihrer magischen Wirkung als Vermittler zwischen Lebenden und Toten.

Gegenwart gewinnt der Tod, fast beängstigende Gegenwart, in Naomi Markels Bild „Schädel". Die gewohnt distanzierte Betrachterpose, der routiniert kühle Blick, lassen sich hier nicht durchhalten, zu stark ist die geradezu physische Wirkung der Arbeit. Über das monumentale Format von drei mal elf Metern sehen wir Schädel aufgetürmt, ein wahres Golgatha, eine Schädelstätte. Ein gewaltiges Bild, ein Bild der Gewalt. Der Gedanke an den Holocaust ist unabwendbar. Aber

The Work of Naomi Markel

*And then went down to the ship,
Set keel to breakers, forth on the godly sea, and
We set up mast and sail on that swart ship
Bore sheep aboard her, and our bodies also
Heavy with weeping, so winds from sternward
Bore us out onward with bellying canvas.*

Ezra Pound, Canto I

Odysseus' black ship, setting sail once again, his companions exhausted and disheartened – having again escaped their fate only to confront it in a new form. No blue sky to cheer them as their journey takes them over the dark sea, ever onward. Onward?

The heroes, the epic, the plot carry the ship inevitably toward its destination, at least according to the grand schemes of historiography. The victims hardly come into view, and from a certain distance they vanish entirely. The only way to prevent their vanishing has been, from time immemorial, to perform magic. Or to make an image. One of the most fascinating characteristics of an image is its ability to capture the transitory. Images are made to negate death, and thanks to their magical power they function as mediators between the living and the dead.

Death takes on an almost frightening presence in Naomi Markel's painting "Skull". The cool, detached gaze of the practiced viewer is difficult to maintain in face of this image, because its effect is veritably physical. The monumental format, three by eleven metres, is piled with skulls, a true Golgotha, a boneyard. A stark, powerful image, an image of violence. Associations with the Holocaust unavoidably arise. But the eye and mind turn from the historical victims, victims in human

von historisch bestimmten Opfern, von Opfern in der menschlichen Geschichte überhaupt, geht der Blick ins Weitere hinaus, handelt es sich doch um Tierschädel, Affenschädel. Von Haut und Haaren entblößt sind sie beinah dem Menschlichen gleich, gleichermaßen Kreatur und damit hinfällig.

In diesem Werk (wie auch in den anderen des Zyklus, den sie eigens für diese Ausstellung in beinah einjähriger Arbeit geschaffen hat) operiert die Künstlerin mit zwei Elementen unterschiedlichen Wirklichkeitsgrades. Die Tierschädel sind Fotografien in unterschiedlichen Ansichten, von der Künstlerin, die stets eine Kamera bei sich trägt, selbst aufgenommen. Die Fotos überarbeitet sie von Hand, um sie schließlich auf den Computer zu übertragen. Die neben- und übereinander geschichteten, auf einen Untergrund collagierten Ausdrucke täuschen durch Überschneidungen räumliche Tiefe vor. Die bildbeherrschende horizontale Schichtung der Fotos wird im oberen und unteren Bilddrittel von freier gearbeiteten Zonen eingefasst. Dort trägt Naomi Markel in selbstentwickelter Technik flüssiges Gummi auf, das sie mit Pigmenten und Oxiden versetzt, zuweilen auch mit realen Objekten wie Schnur, Stoff oder Haaren. Angeregt zu diesen technischen Experimenten wurde die Künstlerin während ihres Studiums in den USA. Nachdem sie ursprünglich nur die Eigenfarbe des Materials zur Wiedergabe von Haut genutzt hatte, nahm sie bald die Farbe hinzu. Beim so angereicherten Material kann zwischen Oberfläche und Medium kaum unterschieden werden. Das an und für sich stumpfe Material beginnt hier mit einer Ausdruckskraft zu sprechen, der man sich kaum entziehen kann. Verstärkt durch

history, to a longer view, since these skulls are animal skulls, monkey skulls. Stripped of skin and hair, they look almost human, and underscore the creaturely nature and the frailty of us all.

In this work (as in the others in the cycle, created in nearly a year of work especially for the present exhibition), the artist operates with two elements of differing degrees of realism. The animal skulls are photographs taken from various angles by Markel herself, who always carries a camera with her. She reworks the photographs by hand, then feeds them into a computer. The printouts are then juxtaposed and superimposed on the support by means of collage, such that their overlaps engender an illusion of depth. The predominant horizontal arrangement of the photos is framed by more loosely handled areas in the upper and lower third of the picture. Using a technique she developed herself, Markel applies liquid latex rubber mixed with pigments and oxides, or occasionally with actual objects such as twine, textiles, or hair. The inspiration for these experimental techniques came during the artist's studies in the U.S. After initially evoking skin by means of the intrinsic colour of the substance, she began to add paint. Thus enriched, the painting surface and the medium merged almost indistinguishably into one. The intrinsically matte, dull substance began to speak with an expressive force that literally captivates the eye. Amplified by the reddish ochre paint, the soft rubber takes on an incredibly organic appearance. Punctures and incisions in the latex integument call surgical operations and sutures to mind. The vulnerability of the physical body is conveyed with physical immediacy. As

die ockerig-rötliche Farbigkeit hat das weiche Gummi etwas ungemein Organisches. Durchbohrungen und Einritzungen in den hautartigen Latexgrund lassen an chirurgische Operationsnähte denken. Die Verletzbarkeit des Leiblichen kann der Betrachter fast körperlich spüren. Man könnte vielleicht angesichts einiger Atelierfotos, die die Künstlerin bei der Arbeit zeigen, auf die Idee kommen, das Werk würde im Schaffensprozess mit Körperlichkeit und warmer Lebensenergie aufgeladen, wenn Naomi Markel ihr plastisches Material mit den Händen durchknetet oder fast bis zum Ellenbogen darin versinkt.

Ausgehend von der Technik des Materialbildes, die sich in den 1950er Jahren im Zusammenhang mit dem abstrakten Expressionismus entwickelte – Antoni Tàpies wäre hier natürlich zu nennen –, verbindet Naomi Markel Momente affektgeladener Stofflichkeit (im künstlerischen Medium selbst) mit Verweisen auf eine Wirklichkeit außerhalb des Werkes (in den fotografischen Elementen). Sie will sich nicht auf eine Ästhetik des Ärmlichen reduzieren, die Gefahr des bloß Dekorativen schaltet sie bei aller Sensibilität der malerisch-plastischen Arbeitsweise konsequent aus. Dazu trägt gewiss ihre Betonung des „Inhaltlichen" bei, ihr Beharren auf der gesellschaftlichen Relevanz künstlerischen Arbeitens oder doch wenigstens auf der künstlerischen Reflexion gesellschaftlicher und historischer Sachverhalte. Das allein sichert ihr im Kontext der heutigen modernen Kunst eine eigenwillige Position.

Kennzeichnend für Naomi Markels Arbeitsweise ist das Mehrtafelbild. Dieses lässt per se – man denke nur an die Altartafeln des Mittelalters – etwas Transzendentes, die physische Realität Übersteigendes im Bilde aufleuchten. Aber bei einem Bild des Todes? Bevor wir uns dieser Frage zuwenden, ist noch zu sagen, dass die Künstlerin sich vom konventionell hierarchischen Aufbau, von der Pathosformel des sakralen Polyptychons verabschiedet hat. Die fünf Tafeln sind – die Anschneidungen an den seitlichen Bildrändern belegen das – beliebig fortsetzbar zu denken, und dies gilt auch für die anderen Teile des Zyklus. Wohin auch Odysseus, der unbehauste Fahrende,

a number of studio photographs showing the artist at work indicate, she evidently invests great physical effort and vital warmth in the process of painting, kneading the pliable substance with her hands or plunging into it up to her elbows.

Taking her point of departure from the relief paintings in various materials that emerged in connection with Abstract Expressionism in the 1950s – Antoni Tàpies is a prime example – Markel began to combine emotionally charged materials (the medium per se) with references to extrinsic reality (photographic elements). Yet despite the sensibility of her painterly, plastic treatment, she avoided any suggestion of an aesthetics of impoverishment as well as the danger of mere decorativeness. This was largely due to an emphasis on content, an insistence on the societal relevance of artistic work, or at least of its capability of reflecting on social and historical circumstances and events. This alone ensures Markel's outstanding position within the context of contemporary art.

Images consisting of several panels are characteristic of Markel's approach. This fact in itself – in view, say, of medieval altarpieces – brings an aspect of transcendence, of something above and beyond physical reality, into the picture. But how does this relate to an image of death? Before turning to this question, it should be noted that the artist has abandoned the conventional, hierarchical structure of the ecclesiastical polyptych and its formulae of pathos. The five panels in this case (like the other multiple-panel works in the cycle) evince cutout areas at the edges which evoke the idea of perpetual continuation. Wherever Odysseus, homeless traveller, witness to disasters, turned his keel, he found endless hecatombs…

Still, something else appears in this image of death, and, paradoxically, it appears in the skulls themselves. Everything by which we habitually judge and classify other people – the colour of their hair and skin, other indications of their origin, ethnicity, religious confession – has been sloughed off, and what remains is sheer human fate. Even the hard and fast borderline between human and animal has become permeable, leaving the creature as lowest common denomi-

der Zeuge von Katastrophen, den Kiel wendet, unendliche Hekatomben...

Dennoch scheint in diesem Bild des Todes noch etwas anderes auf, und zwar paradoxerweise in den Schädeln selbst. Das, wonach wir nur allzu oft Menschen einordnen und beurteilen, ihr Äußerliches, ihre Haar- und Hautfarbe, kurz alles, was auf Ursprung, Angehörigkeit und Religion verweist, ist weggefallen: übrig bleibt menschliches Schicksal. Selbst die eherne Grenze zwischen Mensch und Tier wird hier durchlässig, Kreatur ist der letzte Nenner. Wäre, so scheint die Künstlerin zu fragen, dieser Standpunkt nicht schon im Leben zu erreichen: die Menschheit in all ihren Ausprägungen als Weltbevölkerung zu sehen, so verschieden und doch gleich, mit gleichen Rechten und Pflichten, ohne rassistische Ausgrenzung?

Ein Gemeinsames existiert und vereint in sich Vielfalt: noch die Schädel scheinen zu lächeln, nachdenklich zu sein oder ängstlich, Gefühle allesamt. Aber vielleicht ist diese Beobachtung auch nur der Sehnsucht des Lebens, unseres Lebens nach anderem Leben zuzuschreiben, die uns solche Emotionen noch im Unbelebtesten suchen lässt.

In vieler Hinsicht spiegelbildlich angelegt ist das Werk „Babies". Die formale Grundstruktur ist gleich, ein ebenfalls in vertikale Intervalle gegliedertes riesiges Querformat. Im mittleren horizontalen Streifen zwischen den malerischen Teilen wieder Fotos, wieder schier unzählige Variationen eines einzigen Sujets. Hier sind es Babies vor einem blauen Wasser- oder Himmelshintergrund. Dem Ende des Lebens in den „Schädeln" stellt die Künstlerin den Anfang entgegen. Die tiefe Mehrdeutigkeit aber ist die gleiche: Scheinen die Babies in einem Augenblick von oben auf den Meeresgrund herabzusinken, steigen sie im nächsten aus dem organischen Urgrund des Lebens hinauf ans Licht. Ein unklarer, labiler und mysteriöser Zustand jedenfalls. Wie die Schädel erst auf den zweiten Blick als Affenschädel erkennbar wurden, so erweisen sich die Babies hier als Säuglingspuppen.

nator. Might it not be possible, the artist seems to ask, to achieve this point of view during our own lives – the view that sees humanity in all its diversity as inhabitants of our one planet, different and yet equal, possessing the same rights and duties, without racial distinction or discrimination?

A commonality exists, and it unites diversity – even these skulls still seem to smile, have thoughtful or anxious expressions, even feelings. Yet perhaps this observation merely reflects the tendency of the living to attribute life as we know it to all other forms of life, to project our own emotions even into the most inanimate things.

The work "Babies" is a reflection, a mirror-image, in several respects. The basic formal structure is the same as in the previous image, an enormous horizontal format divided into vertical intervals. The middle, horizontal band between the painted areas is again occupied by photographs, again virtually countless variations of a single subject. In this case they represent babies, set against a blue background suggesting water or sky. To the end of life in "Skulls" the artist opposes its beginning. But the profound levels of meaning are the same – at one moment the babies appear to be sinking into oceanic depths, at the next to be rising out of the primeval, organic source of all life and striving toward the light. The effect, at all events, is that of an ambivalent, oscillating, enigmatic state. And just as the skulls were recognizable as monkey skulls only on second glance, the babies in fact turn out to be dolls.

And here again, the factor of proliferation conveys a sense of latent violence, since as soon as one decides to read the dolls as human babies, the monstrous image of a mass murder of children shoots into one's mind. Yet if one focusses on their character as dolls, the violence results merely in a pile of abandoned toys. This ambiguity is constituitive for Markel's work.

Natural or artificial? The babies are well-nigh identical, appearing to be endless replicas of one or two basic models, which brings the cloning of human beings to mind. The technical feasibility of cloning and genetic manipulation does not exclude the possibility that aber-

Und wiederum ist in der Häufung die äußerste Gewalt latent vorhanden, schießt einem doch, entscheidet man sich für die Lesart Babies, auch die monströse Vorstellung von der Massenvernichtung von Kindern durch den Sinn. Stellt man den Puppencharakter in den Vordergrund, ist es das nach ihrer Ermordung zu Haufen aufgetürmte Spielzeug. Die erwähnte Ambiguität ist für Naomi Markels Werk konstitutiv.

Natürlich oder künstlich? Die Babies sind untereinander nahezu identisch, es scheint sich um die endlose Vervielfältigung von zwei oder drei Grundmodellen zu handeln, die an das Klonen von Menschen denken lässt. Die technische Machbarkeit dieser Technik, die Möglichkeit der Genmanipulation schließt Monstren nicht aus: Schreckgestalten sind auszumachen, einzelne Körper verschmelzen ineinander, andere sind ohne Gesicht. Die Sorge angesichts genetischer Experimente an Menschen, besonders solcher der Auswahl und Vermehrung, bewegt die Künstlerin tief. Dass Neugier und Wissensdrang zur conditio humana gehören und damit auch das Vordringen von Forschung in bisher undenkbare Bereiche, ist ihr klar. Doch scheint ihr die Menschheit jetzt an einem äußerst gefährlichen Punkt zu stehen, möglicherweise irreversible Veränderungen an sich selbst in Gang zu setzen.

Obwohl ihr Weltuntergangsstimmungen keineswegs liegen, ahnt Naomi Markel hier eine Bedrohung, die auf einen zweiten Holocaust hinausliefe, weitaus furchtbarer noch als der historische, der den Juden Europas vor einem halben Jahrhundert angetan wurde. Die industrialisierte Herstellung von Menschen ist ein kaum geringerer Anschlag auf die Menschenwürde als die massenhafte Vernichtung. Das sprichwörtliche Lernen aus der eigenen Geschichte scheint der Menschheit ausgesprochen schwer zu fallen. Die Fahrt des Odysseus durch endlose Metamorphosen des Schreckens geht weiter…

Die Suche nach einer humanen ordo in der Welt ist immer wieder neu aufzunehmen. Naomi Markels selbstgewählter Platz dabei ist die Kunst. In ihrem Werk „Babies" hält dem dämonischen Gesicht der Mechanisierung der eruptive Tumult des malerisch bearbeiteten

rations, monsters may result. Terrifying figures can be made out, some of the bodies merging into one, others being faceless. Genetic experiments in humans, especially as regards selection and reproduction, deeply concern the artist. She is quite aware of the fact that intellectual curiosity and the striving for knowledge, and therefore penetration into previously unthinkable regions, are part of the human condition. Yet she believes that humanity has arrived at an extremely dangerous point, at which the manipulation of human cells could lead to irreversible changes. Although she is not susceptible to apocalyptic visions, Markel senses the presence of a threat that could lead to a second Holocaust, much more terrible than the first, historical one perpetrated on the Jews of Europe half a century ago. The industrial production of human beings is hardly less of an attack on human dignity than their mass extermination. The proverbial learning from one's own mistakes seems extremely difficult for certain privileged portions of mankind. The voyage of Odysseus through endless metamorphoses of terror apparently goes on…

The search for a humane order in the world must continue. Naomi Markel's self-chosen place within this process is in the field of art. In her "Babies", the demonic face of mechanization is counterbalanced by an eruptive tumult of paint and material. There is no monotony in the picture, every square inch of it possessing its own, unmistakable individuality. The untrammeled expressiveness of its strokes and swaths presents no fixed focal point to the eye. The two components of photographs and latex in this cycle of paintings refer to diametrically opposed levels of meaning. The flat medium of photography brings time to a stillstand, embalms complex reality, is characterized by cool, technological reproducibility. The latex, in contrast, has a plastic and painterly expressiveness that suggests breathing, life, character. Thus the imagery of this very original artist does not so much represent mental and emotional processes as constitute a correspondence to them.

While the subject matter of the group of works on view is human (or rather, inhuman), an involvement with animals nevertheless plays a

Materials die Waage. Hier gibt es keine Gleichförmigkeit, jeder Quadratzentimeter des Gemäldes hat seine je eigene, unverwechselbare Individualität. Die ungebremste Expressivität seiner Schlieren und Schwünge bietet dem Auge keinen verlässlichen Fixpunkt an. Die beiden Komponenten Foto und Gummi verweisen in diesem Zyklus auf absolut entgegengesetzte Bedeutungsebenen. Das flache Medium der Fotografie lässt die Zeit stillstehen, balsamiert komplexe Wirklichkeit ein, ist durch die erkältende technische Reproduzierbarkeit gekennzeichnet. Das Gummimaterial dagegen steht in seinem plastischen Ausdruck, seiner malerischen Unverwechselbarkeit für Atmen, Leben, Charakter. So sind die Bildflächen dieser eigenwilligen Künstlerin Entsprechung und nicht Abbild geistiger und emotionaler Prozesse.

Ist der Gegenstand der hier gezeigten Werkgruppe auch ein menschlicher (oder vielmehr ein unmenschlicher), so nimmt doch die Auseinandersetzung mit dem Tier eine zentrale Stelle darin ein. Tiere sind aber nicht einfach als „gute Natur" dem naturentfremdeten Menschen gegenübergestellt. Schon bei den „Schädeln" war die Rolle von Mensch und Tier fast austauschbar gewesen. Der Kosmos der tierischen Existenz ist für Naomi Markel weit gespannt, fast schmerzlich zerrissen. Zwei Beispiele: über eine wüstenartige Ebene rast ein Rudel großer Doggen, mit Maulkörben versehen. Weit vorn steht ungeduldig wartend das Leittier auf einer Anhöhe, halb zum Rudel zurückgewandt. Gleich wird ein scharfes Kommando ertönen, die Verfolger setzen sich in Marsch, der Blutspur nach, bis sie das fliehende Opfer erreicht haben. Szenenwechsel: eine Herde dunkler Rinder, stark und doch geduldig, fast ohnmächtig zusammengedrängt im engen Raum hinter einem Stacheldrahtzaun. Von oben droht ein bluttriefender Vorhang über das Geschehen zu fallen. Die Angst, der erstickende Blutdunst des Schlachthauses ist förmlich zu riechen.

Auch die Welt der Tiere, so scheint Markel zu sagen, ist von Gewalt bestimmt, zerfällt in Opfer und Täter. Sie führt dieses Motiv jedoch im einzelnen künstlerisch sehr differenziert aus. Bei den „Kühen" findet man wieder am oberen und unteren Rand die beiden schon central role. Yet animals are not simply confronted, as "good nature," to man as a creature alienated from nature. In "Skulls," the roles of man and animal were already nearly interchangeable. For Markel, the cosmos of animal existence is wide-ranging, and almost painfully disrupted. Two examples: A pack of muzzled Great Danes races across a desert plain. Far ahead of them on a rise, the lead animal impatiently awaits the pack. Soon a sharp command will ring out, and the pursuers will follow the trail of blood until they have caught their victim. A change of scene: A herd of dark cattle, strong and yet patient, stands closely packed into a constricted space behind a barbed wire fence. A bloody curtain seems about to descend on the scene from above. One can virtually smell the animals' fear and the suffocating odor of blood from the slaughterhouse.

Like the human world, Markel seems to say, the animal world is determined by violence, is divided into victims and perpetrators. Yet she treats this dramatic motif in extremely subtle terms. On the upper and lower margins of "Cows" one again finds the two familiar, freely handled horizontal areas, which serve to limit the central band of photographically reproduced animals. These painterly zones recall depleted farmland seen from above, a tormented landscape with blood oozing from its cracks. These forms threateningly penetrate into the habitat of the cattle, leaving them hardly any breathing space. But this cannot be the only level of meaning. We should recall that the painting process that led to these textures not only conveys content but is a result of artistic freedom and spontaneity. So would it be going too far to view the animals as a metaphor for millions of people who let themselves be led like cattle to the slaughter, or to see a tiny bit of consolation in their eyes? When the curtain evoked at the upper edge falls, we will have to decide this for ourselves.

A political thinking that is devoted to humanity – and this is the artist's way of thinking – can hardly avoid the necessity of defining a new ethics that is devoted not only to our fellow human beings but to animals and to the entire natural environment as part of creation. In this context, the work of two German Jewish philosophers, Martin

bekannten, frei gearbeiteten horizontalen Bereiche, die den mittleren der fotografisch vervielfältigten Tiere begrenzen. Diese malerischen Zonen lassen an eine agrarisch vernutzte Landschaft in der Aufsicht denken, eine Spottgeburt von Landschaft, aus deren Rissen Blut quillt. Diese Formen greifen bedrängend in den Lebensraum der Rinder hinein, kaum noch Luft zum Atmen lassend. Dies kann aber nicht die einzige Bedeutungsebene sein: Es ist zu erinnern, dass die Malerei, die diese Strukturen hat entstehen lassen, für die Künstlerin immer auch ein Ort der Freiheit ist. Was bleibt: die Rinder als Metapher für Millionen Menschen, die sich als willenloses Schlachtvieh in den Untergang führen ließen, oder doch auch ein kleines Quäntchen Trost beim Blick in die Augen der Tiere? Wenn der am oberen Bildrand angedeutete Vorhang gefallen ist, werden wir das mit uns selbst auszumachen haben.

Ein politisches Denken, das der Humanität verpflichtet ist, und ein solches Denken ist für die Künstlerin bestimmend, kann sich kaum der Notwendigkeit einer neuen Ethik verschließen, die sich nicht nur dem Mitmenschen, sondern auch den Tieren, der Natur überhaupt als Mitschöpfung verpflichtet weiß. In diesem Zusammenhang könnte die Arbeit der beiden deutsch-jüdischen Philosophen Martin Buber und Franz Rosenzweig mit ihrem Beharren auf der Kreatürlichkeit, ihrer Betonung des Dialogs wichtige Anregungen vermitteln.

Noch offenkundiger als bei den „Kühen" ist der metaphorische Bezug aufs Menschliche bei den „Hunden", deren beklemmende Atmosphäre eben schon geschildert wurde. Das ganze Rudel läuft blindlings, ohne einen Moment zu zögern. In der Ausführung der Befehle werden sie sich von keinem Bedenken irritieren lassen. Der Eindruck der Gewalt, ja Bösartigkeit, der von diesem Werk ausgeht, ist einmal mehr fast körperlich zu spüren. Neben der Größe (300 x 880 cm) leistet dies die konsequente Durchführung bis ins Detail: die geometrischen Formen, über welche die Hunde rennen, geben das Stakkato der Jagd an, den gleichen Rhythmus, das gleiche Denken. Aus dieser kompakten, entpersönlichten Masse scheint für den Ein-

Buber and Franz Rosenzweig, and their emphasis on the creaturely and the importance of dialogue could provide a meaningful background.

Even more obvious than in "Cows" is the metaphorical reference to the human in "Dogs", whose oppressive atmosphere I just described. The whole pack runs blindly, without a moment's hesitation. Nothing will prevent them from obeying orders. The impression of violence, even of evil, is again felt with almost physical immedacy. Apart from the work's sheer size (300 x 880 cm), this effect results from attention to detail. The geometric forms across which the dogs run evoke the staccato rhythm of the hunt and the hectic thinking that underlies it. This compact, depersonalized mass seems to offer no chance of escape for the individual. This is one of the few paintings in which Markel has retained conventional depth. Whether the dogs charging out of the picture toward the viewer will break out of the pack or merely widen the spearhead of the attack, ultimately remains open.

In another painting we are again confronted with babies, but this time in three-dimensional terms. In "Baby Train" photos from the previously discussed work are mounted on a relief surface of poured rubber, which in turn sits on a metal undercarriage. Here, too, a profound ambivalence is the determining factor. Some of the touchingly helpless infants seem to be softly bedded in the support, or to draw nourishment from it as from a placenta. Others appear to be sinking into the viscous substance, kicking their legs in an attempt to free themselves. The provoking thing about them is their unchanging, smiling face, which results from the fact, of course, that these are mass-produced dolls and not sculptures representing actual babies. Perhaps the message they convey is that human beings are indissolubly linked with their conditions, social, philosophical, and otherwise. These conditions both provide support and restrict individual freedom. The helplessly fettered or innocently carefree infants riding along on their carriages – this strange image, which brings the oppressive, bizarre configurations of Edward Kienholz to mind,

zelnen kaum ein Ausbruch möglich. Dies ist eines der wenigen Bilder, in denen Naomi Markel die konventionelle Tiefenräumlichkeit beibehält. Ob die dergestalt nach vorn, dicht an den Betrachter herangerückten Hunde aus dem gleichgeschalteten Rudel ausbrechen oder nur den Angriffskeil verbreitern, bleibt letztlich offen.

Noch einmal begegnen wir den Babies, diesmal in vollplastischer Gestalt. Im „Babyzug" sind die Modelle der Babyfotos aus dem großen Gemälde in voller Dreidimensionalität auf einer Unterlage von gegossenem Gummi zu sehen, die ihrerseits auf einem metallenen Fahrgestell montiert ist. Eine tiefgreifende Ambivalenz ist auch hier strukturbestimmend. Die Unterlagen scheinen manche Säuglinge in ihrer anrührenden Hilflosigkeit weich zu betten, gar wie eine Plazenta zu nähren. Andere dagegen könnte man eher strampelnd im zäh-klebrigen Grund versinken glauben. Stets irritierend bleibt der durch die technische Herstellung bedingte – schließlich handelt es sich ja nicht um Plastiken von Babies, sondern um massenproduzierte Babypuppen – gleichbleibend lächelnde Gesichtsausdruck. Die Menschen sind unablösbar ihren Umständen, sozialen, weltanschaulichen und anderen, verbunden. Sie geben ihnen Halt und sie fesseln sie gleichermaßen. Die hilflos verstrickten oder arglos hingegebenen Säuglinge, die auf ihren Waggons dahinfahren – dieser eigentümliche Anblick, der an die beklemmend bizarren Figurationen des Edward Kienholz erinnert, assoziiert die Todeszüge und ebenso die Vorstellung eines nicht abreißenden Zuges der Generationen in eine stets unbekannte Zukunft.

Die menschliche Geschichte ist eine Geschichte der Katastrophen und eine der Hoffnungen, für beides kann Kunst eine Schule des Empfindens sein. Der Erfahrung der existentiellen Verlassenheit setzt sich Odysseus aus, er will hören, sehen, gar singen, in jedem Fall aber: standhalten.

Dieter Begemann

calls up associations with the death trains, but also with the notion of the continuous, uninterrupted train of generations moving into an unknown future.

Human history is a history of catastrophes and of undying hopes, and painting is capable of serving as a school of sensibility for both. Odysseus subjected himself to the experience of existential abandonment, wanting to see, to hear, even to sing – but at all events, to persevere.

Dieter Begemann

Translated from the German
by John William Gabriel

Schädel – Sculls, 2000. 300 x 1100 cm (5 Tafeln / 5 panels)

Schädel – Sculls. Details

Schädel – Sculls. Details

Babies, 2000. 300 x 880 cm (4 Tafeln / 4 panels)

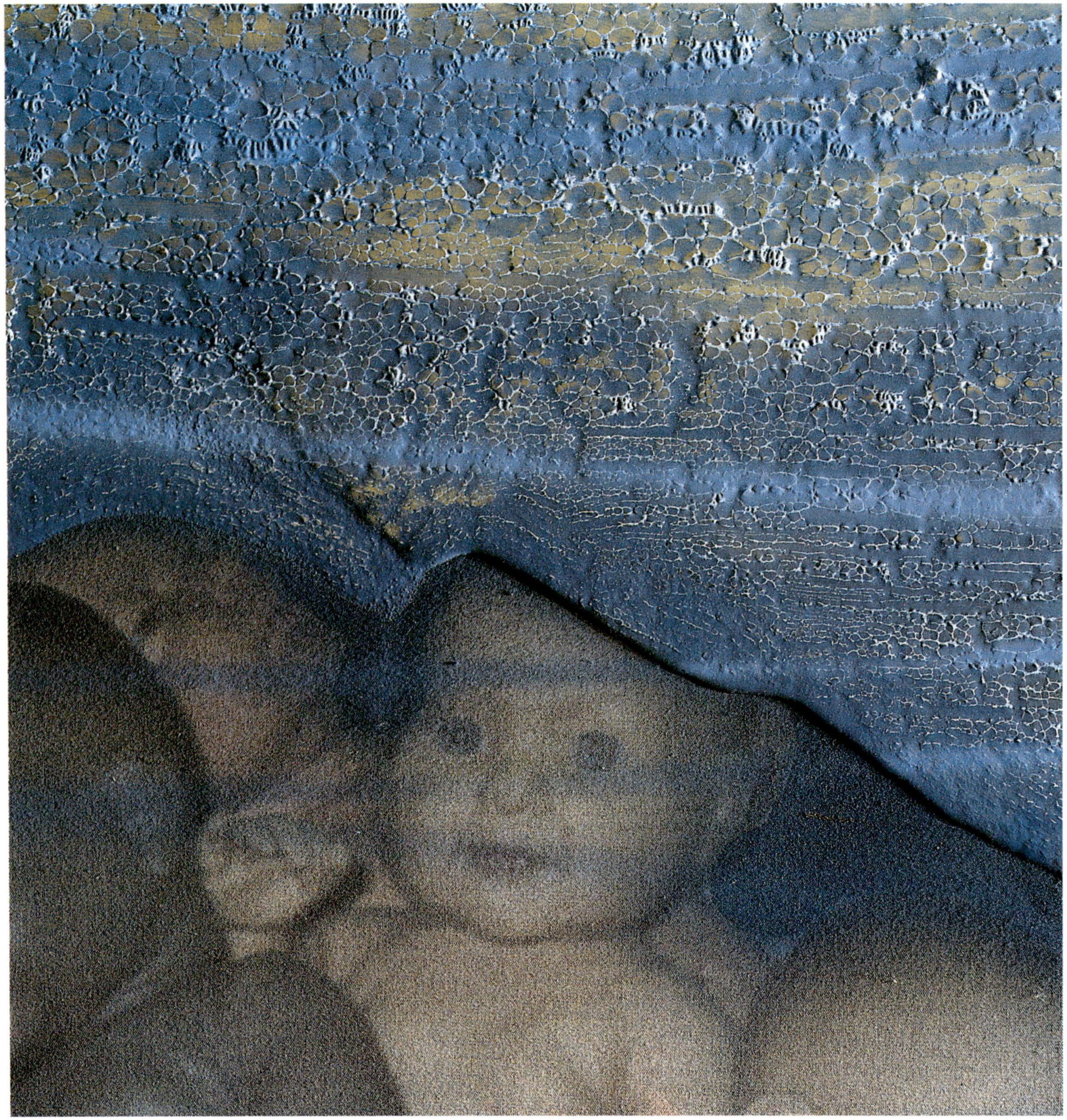

22

Babies. Details

Sonnenblume – Sunflower, 2000.
300 x 440 cm (2 Tafeln / 2 panels)

Sonnenblume – Sunflower. Details

Augen – Eyes, 2000.
300 x 660 cm (3 Tafeln /3 panels)

Augen – Eyes. Details

Kühe – Cows, 2000. 300 x 880 cm (4 Tafeln / 4 panels)

Kühe – Cows. Details

Kühe – Cows. Details

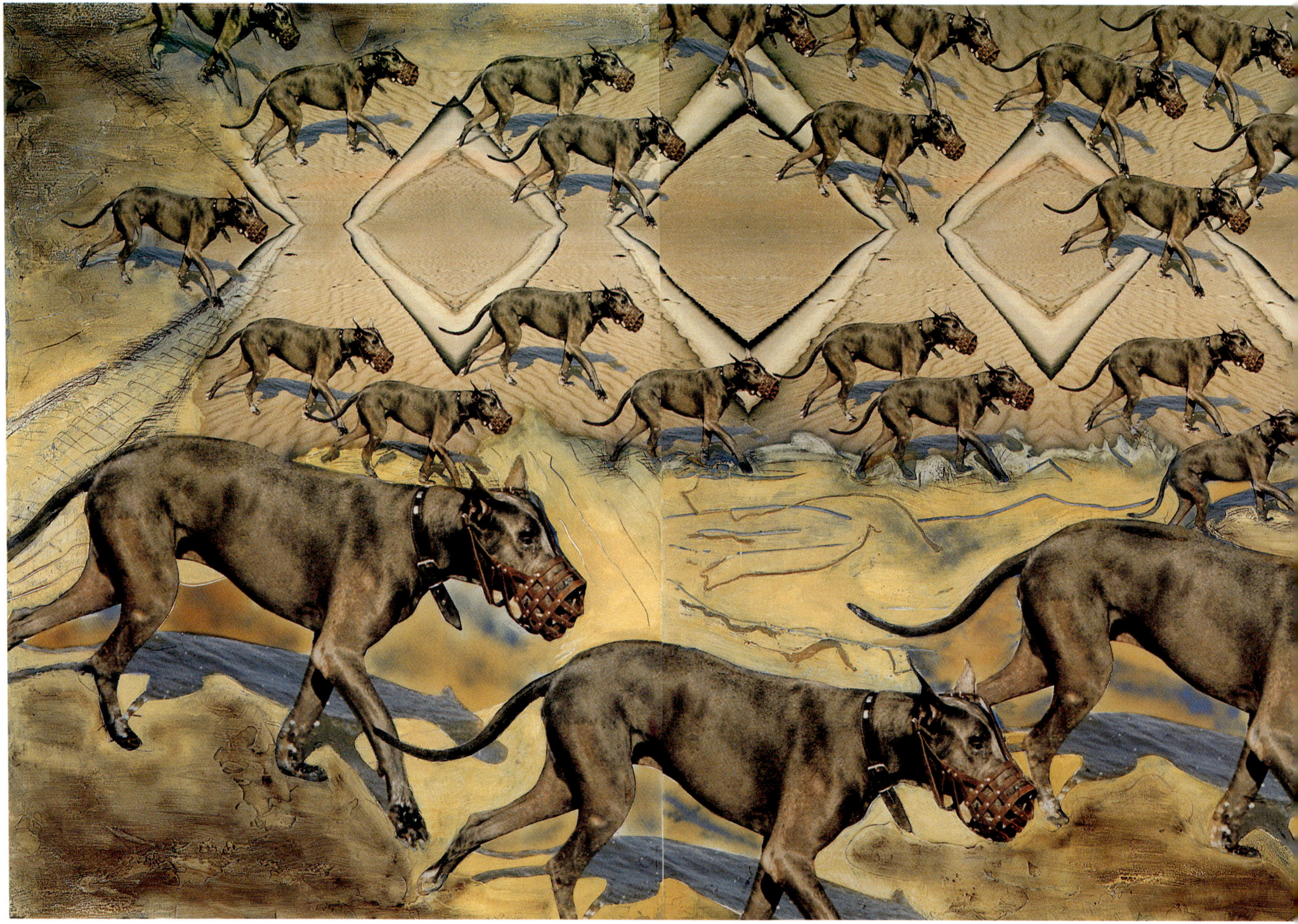

Hunde – Dogs, 2000. 300 x 880 cm (4 Tafeln / 4 panels)

40

Hunde – Dogs. Details

42

Zug – Train, 2000. Gesamtlänge / Total length 13 m

Zug – Train. Details

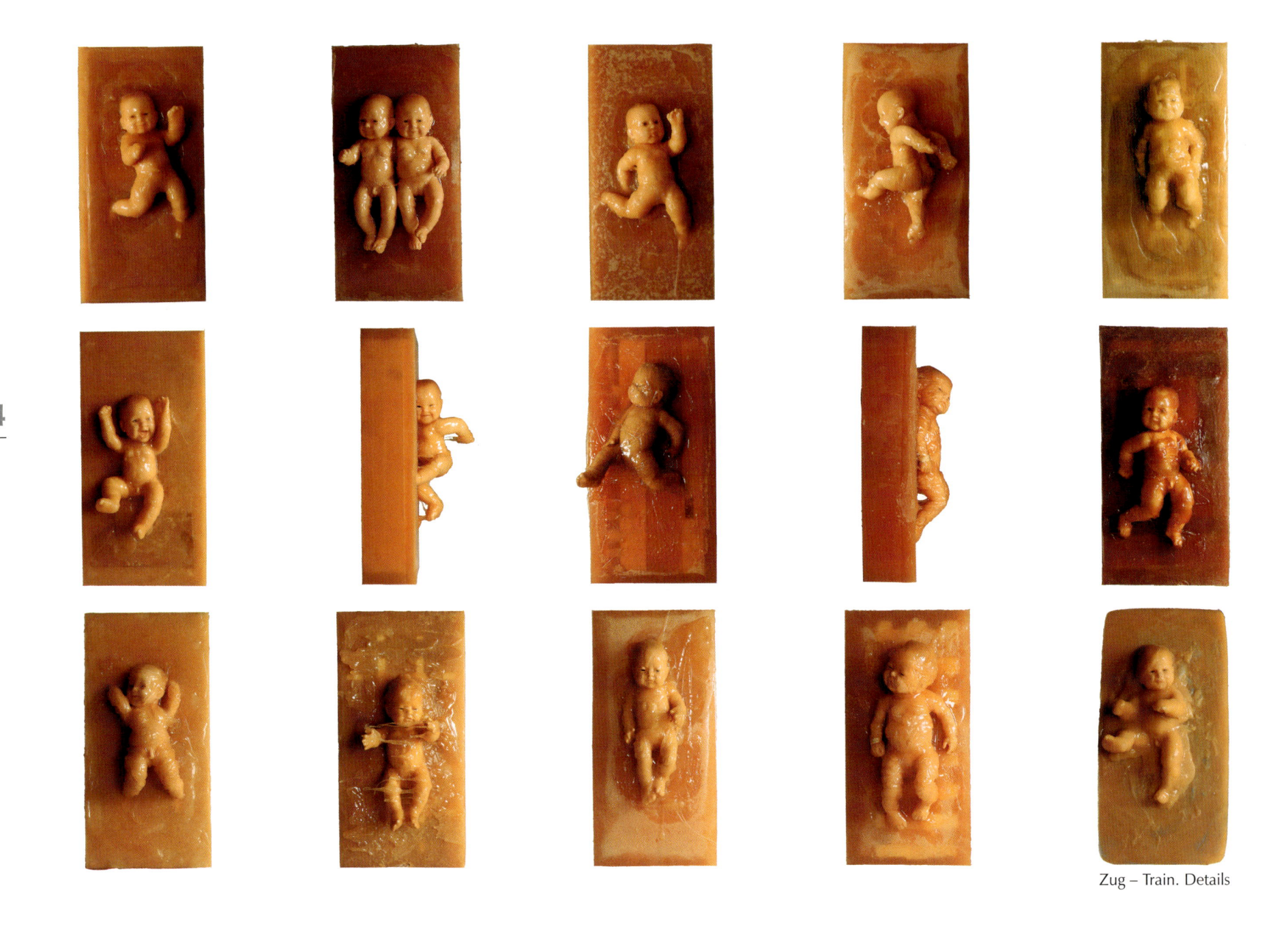

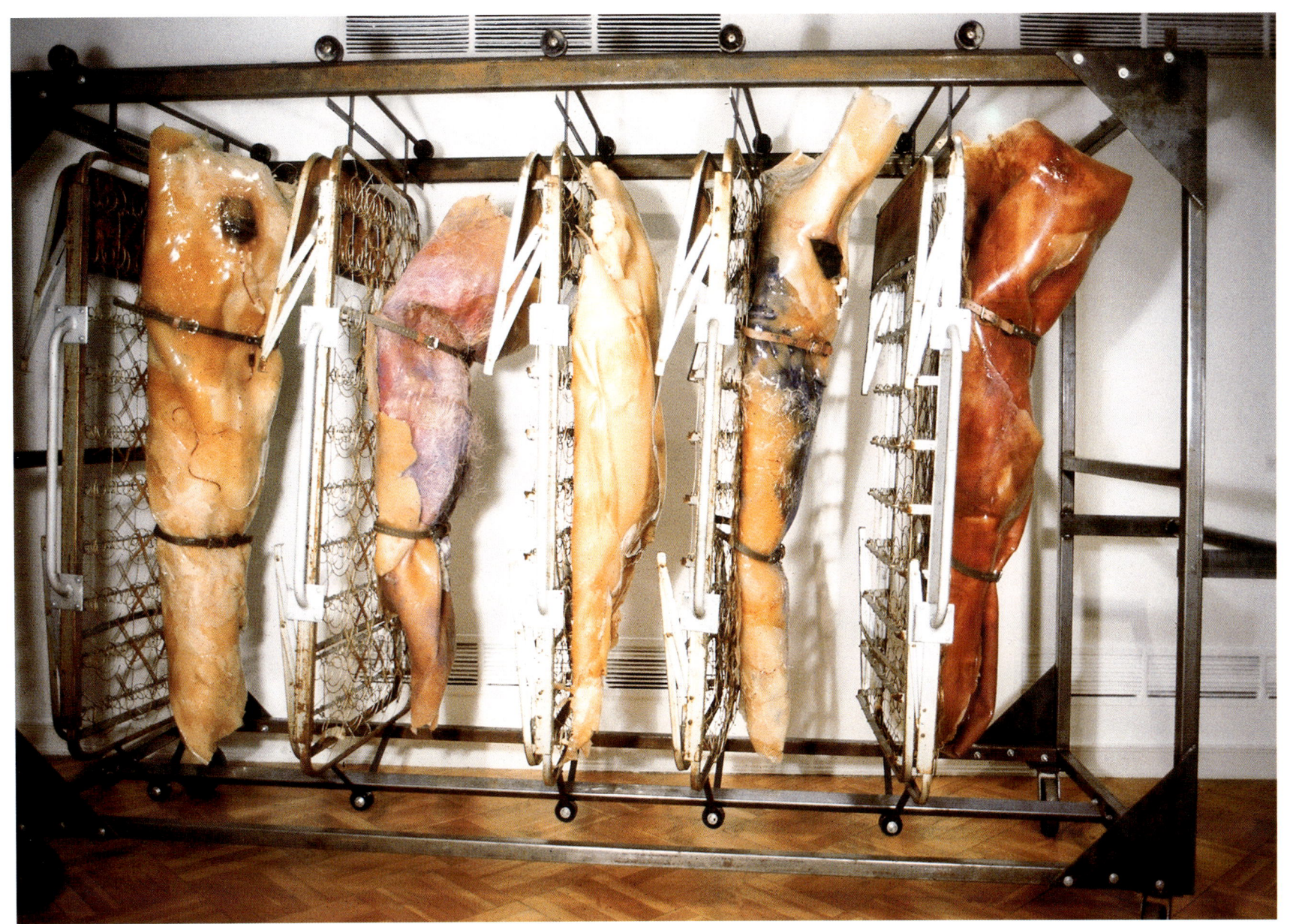

Hängende Betten – Hanging Beds, 2001

Naomi Markel

1955	geboren in Nahariya
1984	Abschluss des Studiums der freien Kunst an der Universität Haifa mit dem B.A.
1991	Abschluss des Studiums des Bildhauerei an der University of Washington, Seattle, mit dem M.F.A.
1992	Hermann-Struck Auszeichnung
1995	Hermann-Struck-Preis

Verheiratet, drei Kinder.
Lebt und arbeitet in Haifa.

1955	Born in Nahariya.
1984	B.A. in Fine Arts, Haifa University.
1991	M.F.A. in Sculpture, University of Washington, Seattle, Washington, U.S.A.
1992	Herman Struck Citation.
1995	Herman Struck Award.

Married, three children.
Lives and works in Haifa.

Einzelausstellungen
- 1993 Künstlerhaus Haifa
  Neue Galerie, Beit Abba Hushi, Haifa
- 1994 Städtisches Museum, Nahariya
- 1995 Sara Conforti Galerie, Tel Aviv – Jaffa
- 1996 „Überleben", Künstlerhaus Jerusalem
- 1997 Galerie des Kibbuz Yifat
- 1998 Neve Yosef Institut, Haifa
- 1999 Tova Osman Galerie, Tel Aviv Auditorium Ein Hashofet
- 2001 Städtische Galerie, Bremen

One Person Exhibitions
- 1993 Artists' House, Haifa
  The New Gallery, Beit Abba Hushi, Haifa.
- 1994 Municipal Museum, Nahariya.
- 1995 Sara Conforti Gallery, Tel Aviv – Jaffa.
- 1996 The Artists' Home, Jerusalem. "Survive".
- 1997 The Gallery of Kibbutz Yifat.
- 1998 Neve Yosef Institute, Haifa.
- 2001 Municipal Gallery, Bremen.

Arbeiten im öffentlichen Raum
- 1992 5 Reliefs an den Wänden des Carmel Hospital Auditoriums, Haifa
- 1993 Eingang und Auditorium des Regionalhospitals, Nahariya
  2 Reliefs im Haupteingang und Auditorium des Rambam Hospitals, Haifa
  Flieman Hospital, Haifa
- 1998 Illana Gur Museum, Jaffa

Permanent Exhibitions
- 1992 Five reliefs, auditorium floor walls Carmel Hospital, Haifa.
- 1993 Main entrance and auditorium, Nahariya Regional Hospital Two reliefs, main entrance and auditorium, Rambam Hospital, Haifa.
  Fliman Hospital, Haifa.
- 1998 "Ilana Gur Museum", Jaffa, Tel-Aviv.

Gruppenausstellungen
1991 Henry Art Gallery, Seattle
 Jahresausstellung, Künstlerhaus Haifa
 „Zeichnungen und Arbeiten aus ungewöhnlichen Materialien", Künstlerhaus Haifa
1992 „Künstler aus dem Norden in Be'er Sheva", Stadtbibliothek Be'er Sheva
1993 „Hommage an Chagall", Künstlerhaus Haifa
 „Künstler aus Haifa und dem Norden", Künstlerhaus Haifa

1994 „Figur und Porträt", Künstlerhaus Haifa
 „Künstler aus Haifa und dem Norden", Künstlerhaus Haifa
 „Mediterrane Wirklichkeit", Art Focus, Auditorium Haifa
 „Gegenposition", Art Focus, Auditorium Haifa
 „Gegenposition", Art Focus, Studio 24, Beit Hayotzer, Haifa
 „Ein kleines Format", Art Focus, Studio 24, Beit Hayotzer, Haifa
 „Ein kleines Format", West Galiläa College Galerie
1995 „Gorodish", Kulturzentrum, Nesher
 „Der Holocaust", Kulturzentrum, Nesher
 „Rote Linie Grüne Linie", Studio 24, Beit Hayotzer, Haifa
 „Friedensstifter", Museum für moderne Kunst, Haifa

Group Exhibitions and Projects
1991 Henry Art Gallery, Seattle, Washington, U.S.A.
 Annual Exhibition, Artists' House, Haifa. "Drawings and Works made from Unconventional Materials", Artists' House, Haifa.
1992 "Artists from the North in Be'er Sheva", Municipal Library, Be'er Sheva.
 "Annual Exhibition of Artists from the North", Artists' House, Haifa.
1993 "Homage to Chagall", Artists' House, Haifa.
 "Artists of Haifa and the North" Artists' House, Haifa.

1994 "Figure and Portrait", Artists' House, Haifa.
 "Artists of Haifa and the North", Artists' House, Haifa.
 "Mediterranean Reality", (Art Focus), Haifa Auditorium.
 "Contrasting Position", (Art Focus), Haifa Auditorium.
 "Contrasting Position", (Art Focus), Sadna 24/Beit Hayotzer, Haifa.
 "A Small Format", Sadna 24/Beit Hayotzer, Haifa.
 "A Small Format", West Galilee College Gallery.
1995 "Gorodish", Cultural Center, Nesher.
 "The Holocaust", Cultural Center, Nesher.
 "Red Line Green Line", Sadna 24/Beit Hayotzer, Haifa.
 "Peacemakers", Haifa Museum of Modern Art.

47

Alle Abbildungen in diesem Band sind Eigentum der Künstlerin
All reproductions in this volume are the property of the artist.

© 2001 Edition Temmen
Hohenlohestr. 21
D-28209 Bremen
Tel. +421-34843-0
Fax +421-348094
info@edition-temmen.de

Alle Rechte vorbehalten / All rights reserved
Satz und Layout / Typesetting and layout: L.P.G. Bremen
Herstellung / Production: Edition Temmen

ISBN 3-86108-538-0